U0393862

张 波

现任山东省科学技术协会副主席，山东省政协文化文史和学习委员会副主任。曾亲自推动威海市、烟台市儿童阅读工作的开展和城市书房建设，重视青少年科普阅读工作。

万吉丽

毕业于浙江大学，现任青岛海水稻研究发展中心高级农艺师，山东省科技特派员，青岛袁策集团有限公司技术总监。负责耐盐碱水稻及盐碱地稻作改良核心技术研发、示范与推广。参与国家级重点项目1项，省部级项目3项，申请发明专利20余项。在国内外学术刊物上发表论文10余篇，参与出版专著2部。

孙文新

室内设计师，插画师。阅读大量国内外经典绘本作品并进行插画创作，形成了自己独特的艺术风格。画风写实细腻，擅长科学插画与自然科普绘本创作。为《看！蚂蚁》《噢！中草药》《斑海豹》《噢！中国茶》创作插画。

家门外的自然课系列

噢！水稻

张　波　万吉丽　著
孙文新　绘

山东科学技术出版社
·济南·

中国是水稻的起源地。2006 年，考古学家在浙江上山遗址中发现一粒炭化稻米，这粒米也证明了在遥远的 1.1 万年前，人们就已经开始驯化野生稻，有规模地栽培水稻了。

野生稻

栽培稻的祖先

野生稻生活在沼泽地，匍匐生长，种子有长长的芒刺，谷粒小，种子一旦成熟，会在最短的时间脱落，藏到泥土里，以躲避饥饿的动物。

从野草到水稻

早在约10万年前，野生稻就生长在我国长江下游地区。约2.4万年前，生活在长江下游地区的人们偶然发现一种“野草”的种子可以充饥，就开始采集、储存这些种子，这便是野生稻。约1.3万年前，人们又开始把采集的野生稻种子进行栽培，不断地选择长得大、长得多的种子种植。这个过程被称为水稻的“驯化”。约1.1万年前，野生稻被驯化成栽培稻，人们开始了稻作农业。如今，水稻已经遍布全球。

现在，水稻是世界上最重要的粮食作物之一，有一半以上的人以大米为主食。

栽培稻

野生稻的后代

栽培稻直立生长，没有芒刺，穗型长，谷粒大，种子不脱落，便于人类采收。

一起来认识一下水稻吧！

水稻是禾本科稻属的草本植物，喜欢生活在气温较高、湿度较大的地方，现主要分布在亚洲和非洲的热带地区。水稻在中国北方一年只种植、收获一次，在南方一年可以种植、收获两到三次。

茎直立，圆筒形，中空，有节，平均高度通常在 0.5~1.5 米。

科学家培育的巨型稻，株高达到 2.2 米。传统高秆水稻品种“毫秋”平均高约 2.4 米，是稻中“巨人”。上过太空的超矮秆水稻品种“小薇”，株高只有 20 厘米左右。

根是须状的，将水稻固定在土壤中，吸收水分和养分。

水稻为什么可以长在水中呢？

这是因为水稻的叶片、茎和根都有许多透气的空隙，叫作“气腔”，可以将氧气和水中的营养物质输送到整个植株。

一株水稻可以出10~20个稻穗，1个稻穗可以结100~200粒稻米。

稻花很小，呈穗状排列。水稻的花开花时间极短，难得一见，一朵花开需1.5~3小时，雌雄同株，自花授粉。

颖果，水稻的果实，长扁圆形，外有两片颖壳。颖果含有丰富的碳水化合物和蛋白质。

一株水稻有10~19片叶，叶片狭长，呈剑形。

水稻是怎么长大的呢？

小朋友，你吃到的大米就是从一粒粒水稻种子生长而来的。农民把水稻种子种到土里，经过 105~170 天，就可以收获很多稻米。我们一起来看看一粒水稻种子的神奇变化吧。

水稻生长观察记

①幼苗期（30 天左右）

一粒水稻种子

白白的胚根先长出来，然后长出绿色的胚芽。

②分蘖（niè）期（30 天左右）

主茎根部不断分出新的分枝，这就叫“分蘖”。分枝上也不断长出新叶，稻子变得粗壮起来了。

③ 孕穗期（30~40 天）

大约 70 天后，稻穗就要露出脑袋了。接下来水稻进入幼穗分化期，这是水稻结实的前提。

④ 抽穗扬花期（7~14 天）
一个稻穗能开100~200朵花，所有花开完需要7~10天。
水稻的花
⑤ 结实期（30 天左右）
整个植株从稻穗到叶片再到茎秆都变得枯黄，最终将所有的能量都给了稻种。水稻成熟了，可以收割了。
胚乳
糊粉层
胚芽
种皮
一粒种子种下去，几个月内就能长出数个稻穗，结出成百上千粒稻米。它饱含着农民的辛勤劳动和水稻的全部努力，给了人类千倍的回报。

我国水稻科研发展经历了三次飞跃。

第一次飞跃以“高秆变矮秆”为标志。20 世纪 50 年代，科学家为了改善高秆水稻容易倒、产量不高的问题，选育出矮秆型水稻品种，引发了世界水稻育种的变革。我国水稻亩产水平由不足 150 千克提高到 200 千克以上。

第二次飞跃以“常规变杂交”为标志。20 世纪 70 年代，中国工程院院士袁隆平及其团队成功培育出杂交水稻品种，水稻平均亩产量提升至 400 千克以上。

第三次飞跃以“超级稻”为代表。自 1996 年启动“中国超级稻研究计划”之后，超级杂交稻的培育让水稻亩产量达到 800 千克。截至 2023 年，超级杂交稻亩产突破 1251.5 千克，创造了新纪录。

传统高秆型水稻，耐肥力差，容易倒伏，无法实现高产。

2004 年为国际稻米年，主题是“稻米就是生命”。

矮秆型水稻，耐肥力强，抗倒伏，高产潜力大。

水稻养活了多少人？

“民以食为天”，吃饭是第一大事。古时候粮食产量低，人们经常挨饿。先人不断选育长得多又好吃的水稻品种，开垦更多的土地来种植。现在全球有 80 多亿人口，水稻养活了世界上一半以上的人。

历史上曾出现过几次重要的人口增长，都与水稻有着紧密联系。

我国人口从宋朝开始出现了较快增长，早熟稻起了重要作用，“占城稻”是其中的关键品种。占城稻耐旱、早熟，丘陵山区都可以种植。水稻的种植面积一下就扩大了，产出的水稻多了，人口也增长了。宋朝成为世界历史上第一个人口过亿的国家。

清朝时期，一年一熟水稻种植变成两年三熟、一年两熟和一年三熟，水稻产量大大增加，满足了人们对粮食的需求，人口快速增长。

“小站稻”源于宋辽时期，成名于清朝，蒸出来的米饭特别香，米粒晶莹、饱满、有黏性，驰名中外，目前还在大量种植。

不一样的水稻

水稻从我国长江下游起源到如今遍布全球，随着环境的变化、人类的活动和农业技术的发展，水稻不断地改变。到现在，“一样”的水稻中有不少的“不一样”了。

粳（jīng）稻：较耐寒，耐弱光，抗旱。米粒圆圆胖胖的，用它做的米饭黏性好。适宜在我国北方种植。

籼（xiān）稻：耐温热，耐强光。米粒细细长长的，用它做的米饭黏性弱。我国南方多种植籼稻。

一年生水稻：水稻成熟收割后就不再生长，每年需要种植。

多年生水稻：科学家在野生稻中找到多年生基因，培育了多年生水稻。种一回水稻可以割好几年，就像种韭菜一样。这样能够减轻农民的劳动，还很高产。目前云南已有大规模种植，还推广到许多国家。

常规稻：常规稻结的种子种下去以后长出的水稻都和“妈妈”一样，是可以留种的水稻品种。

杂交稻：选用两个在遗传上有一定差异的水稻品种进行杂交，生产具有优良性状的后代。杂交稻结的水稻种子种下去以后长出的水稻株叶形态不一样。

端午节吃的粽子是用糯米做的，口感和我们平时吃的米饭不一样。小朋友，你发现这种差别了吗？

早稻：春季播种，夏季收获。

中稻：春季播种，夏末秋初收获。

晚稻：春季播种，秋季收获。

旱稻：可以在旱地栽培，也能在水田或洼地种植。

水稻：需要种在水田。其中，有一种可以种在盐碱地或沿海滩涂的耐盐碱水稻，俗称“海水稻”。

“海水稻”可不咸哦！不管是水稻、旱稻，还是海水稻，长出来的都是我们平时吃的大米。

杂交水稻之父——袁隆平

近 50 年来，世界范围内水稻单产有着飞跃性的变化，最大的贡献者是袁隆平。

袁隆平上小学一年级时，老师带同学们去郊游。他们来到了一个园艺场参观，袁隆平被那里的景象吸引了，觉得很美。当时，他心中学农的种子萌发了。

在农业大学毕业后，他并没有马上从事水稻研究。20 世纪 60 年代发生了饥荒，很多人挨饿，他便开始研究水稻，为的就是让人们吃饱饭。

袁隆平（1930—2021）是杂交水稻的开创者，中国工程院院士。他是世界上第一个成功地利用水稻杂种优势的科学家，被誉为“杂交水稻之父”。

1961 年，袁隆平在田里发现了一株“鹤立鸡群”的天然杂交稻，看到了水稻杂种优势利用的希望。然而，当时全世界的科学界普遍认为水稻没有杂交优势，他一个普通乡村教师开始挑战学术权威。几年时间里，袁隆平在稻田里检查过几十万株水稻，做过几千次试验。1970 年，他的团队终于在海南发现了一株花粉败育的野生稻，给它取名叫“野败”，这也是杂交水稻成功的突破口。1974 年，袁隆平利用“野败”进行了上万个试验后，终于成功育出了第一个强优势的杂交组合“南优 2 号”，试验亩产达 628 千克（当时普通水稻亩产只有 200 多千克）。近年来，杂交水稻种植面积占中国水稻总面积的一半以上。

袁隆平：“我不在家，就在试验田；不在试验田，就在去试验田的路上。”

袁隆平在科研的道路上永不满足，研究了一辈子水稻。育种的方法越来越简单，产量越来越高，中国人现在都可以吃饱饭了。他还向世界推广杂交稻，世界上越来越多的人因为杂交稻种植而不再挨饿。他用一粒种子改变了世界！

袁隆平：“人就像一粒种子，要做一颗好种子。”

袁隆平有两个梦想：一个是坐在禾下乘凉，一个是把杂交水稻种遍全世界。

一点点去实现梦想的过程多么奇妙，小朋友，你的梦想是什么呢？

水稻从中国走向世界

目前，中国水稻种植面积超过 3000 万公顷，是中国第一大粮食作物。稻作农业是中国农业的四大发明之一。

你在电视上见过挨饿的孩子吗？很多国家都有吃不饱的人，中国的杂交水稻大大改变了这一现状。自 1979 年起，杂交水稻远播五大洲近 70 个国家，让世界上很多人不再挨饿。

中国稻作栽培技术从公元前 25 世纪开始经丝绸之路进入印度、印度尼西亚、泰国、菲律宾等国家，公元前 23 世纪传至朝鲜，公元前 9 世纪传到大洋洲，公元前 4 世纪传入日本，16 世纪后传入美国。

袁隆平团队从1980年开始开设杂交水稻技术培训国际班，为多个发展中国家培训了1万余名水稻技术人员，解决了很多人的温饱问题。1980年，杂交水稻栽培技术作为我国第一个农业技术专利转让给美国。现在，美国杂交水稻面积占水稻总面积的一半多了。

20世纪90年代初，联合国粮食及农业组织为解决发展中国家粮食短缺问题，推广杂交水稻，聘请袁隆平等一批中国专家为顾问，到世界各地传授杂交水稻技术，选育适合当地的品种，使杂交水稻的种子播撒到全世界。

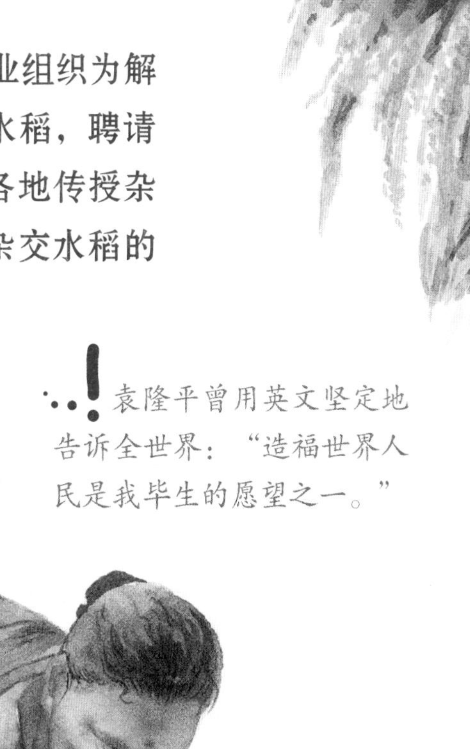

袁隆平曾用英文坚定地告诉全世界："造福世界人民是我毕生的愿望之一。"

目前，杂交水稻在国外的种植面积达800万公顷，增产的粮食解决了世界上几千万人的吃饭问题。

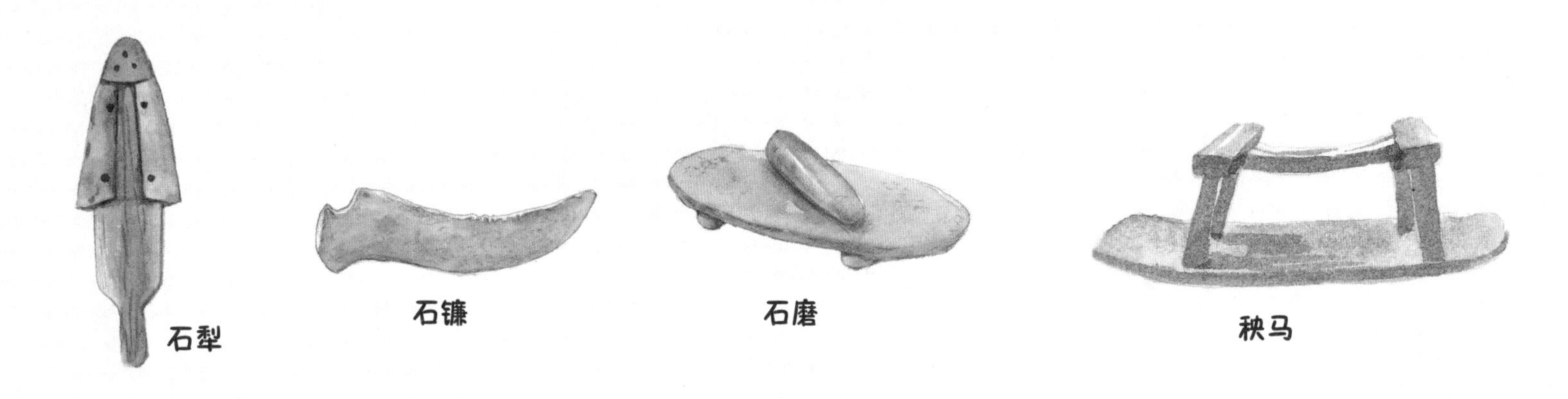

水稻种植方式的演变

人类种植水稻有上万年的历史，在不同的时期，人类是怎么种植的呢？我们一起来看看吧。

自然法种水稻

远古的时候，人们把采集的稻种撒在大象踏过的沼泽地里，等稻子成熟了来采收。这种方法很省力，但是收获的稻米很少。后来，人们放火把地上的草烧了，在地里灌上水，撒上稻种。地里的草长高了，再除掉，不让草与水稻争阳光、争水分。这样一来，收获的就多一些了。

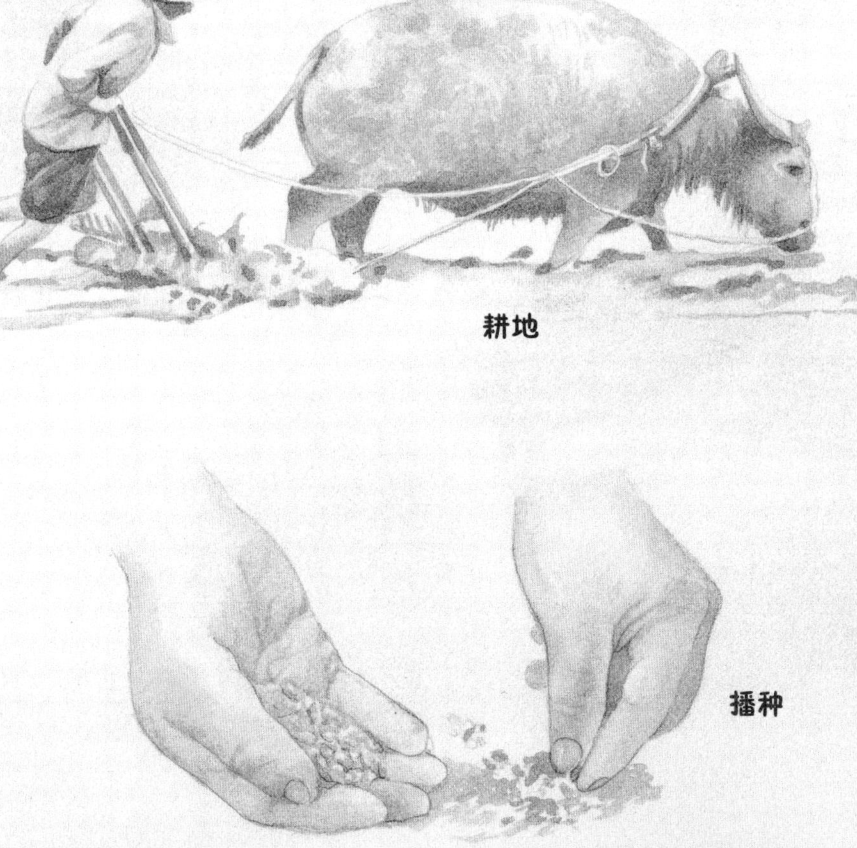

晒种

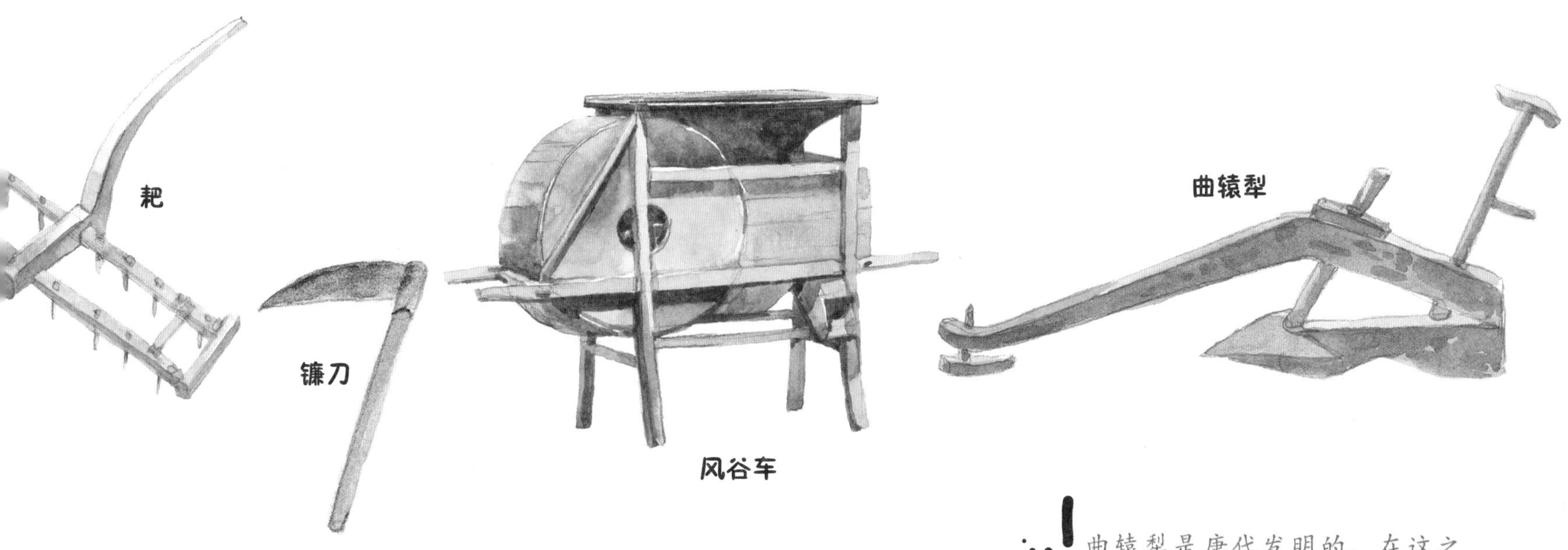

发明农具种水稻

在中国，从石器时代开始，人们就用石头做出一些简单农具用于松土、收割等农活儿。后来，随着技术的发展，出现了木制农具、青铜农具、铁制农具等。春秋战国时期，牛成为农民的好帮手，铁犁牛耕成为重要的农业生产方式。

曲辕犁是唐代发明的。在这之前，人们用的是直辕犁，又大又重。于是人们将其改为曲辕、短辕，在辕头上安上可以转动的犁盘，可以调头和转弯，轻巧灵活，种水稻更省力了。

有很多关于水稻与耕作的诗句，你知道吗？

插秧

田间管理

收割

现在，人们发明了机械来耕地、插秧、收割水稻，这样省力多了，可以种更多水稻。

水稻种植机械化

小朋友，你猜猜水稻从种到收，农民最辛苦的是哪个环节呢？

插秧是最辛苦的！想象一下，田里的每一株稻苗都需要农民弯腰插进去，多么耗时耗力呀！除了插秧，农民还需要到稻田里耕地、播种、浇水、施肥、除虫、收割等。为了改变水稻生产“面朝黄土背朝天，弯腰曲背几千年”的生产方式，科学家们开始研究用“机械化”替代人工。

1956 年春，华东农业科学研究所农具系研制出“华东号”插秧机，这是世界上第一台成型的水稻插秧机。现在，水稻插秧已经全部实现机械化。不仅如此，育秧、耕地、植保、施肥、收割等全流程都可以实现机械化，而且机械化程度越来越高。

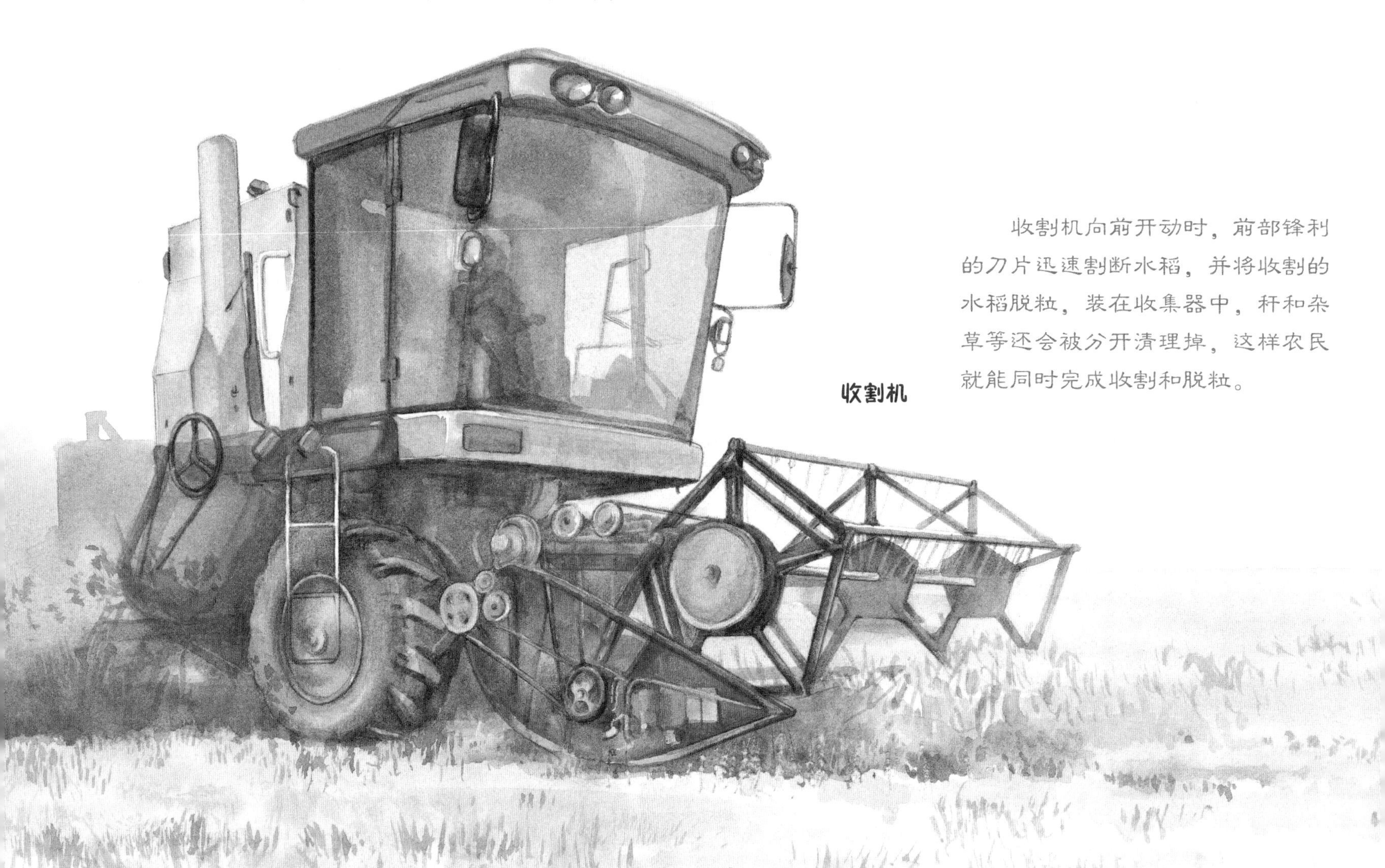

收割机

收割机向前开动时，前部锋利的刀片迅速割断水稻，并将收割的水稻脱粒，装在收集器中，秆和杂草等还会被分开清理掉，这样农民就能同时完成收割和脱粒。

植保无人机

最常用的植保机器是无人机，它可以通过地面遥控进行农药喷洒。这样避免了农民暴露于农药的危险，还可以节约农药用量，降低成本。

播种的季节，农民不用再弯着腰将水稻一株株插到水田中；收获的时节，拖拉机在稻田里边走边把稻谷脱粒装进袋子里。一台水稻收割机一天能收割上百亩地。这样一来，一个人种百余亩地也很轻松啦！

农民只需把排列整齐的秧苗放在插秧机上，再开着插秧机向前行驶，插秧机就能自动取秧、分秧，把秧苗准确地插进稻田里。

插秧机

旋耕机

旋耕机和拖拉机配套在一起，通过拖拉机带动滚轴滚动来耕地、松土。它碎土能力强，能切碎埋在地表以下的根茬。耕后的地很平坦，便于后期种植。

未来的“智慧”农业

在我国有些地区，人们已经实现在屋子里通过操作计算机让拖拉机、插秧机、无人机自己干活了。通过无人驾驶技术，无人机可以到稻田里喷药，拖拉机可以到田地里耕地。浇水、施肥也不用人到田里了。农民种水稻更省力了。

智慧农场模式——万物互联、智能管理

传统的种地模式是农民根据经验决定是否浇水、施肥或用药，用量也是自己估计的，并不科学，也不精确。而物联网可以通过各种传感器对天气、温度、湿度、虫害等进行感知，替农民发出是否浇水、施肥、撒药的指令，通过智能开关、智能机器人、无人机进行精准的用水、用肥、用药。这样又精确、又智能，也更节约人工。

智慧农场建成后，种地就不需要很多人了。全国智慧农场模式的普及，还要靠小朋友们运用科技的力量去实现。

?你们长大了，会怎样种水稻呢？讲一讲或画出来吧！

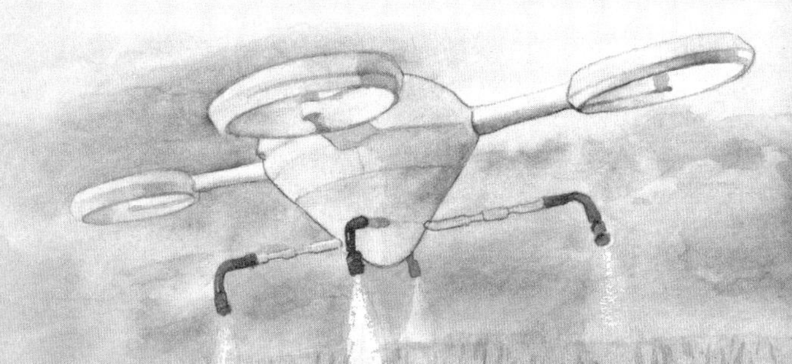

保护稻种，着眼未来

稻种资源的保存很重要。如果有一天，水稻突然出现了退化，或因战争、自然灾害毁灭了地球上所有的稻田，就会影响人类的生存。因此，保存水稻种子，不仅是保护生物多样性，更是一个关乎人类未来获取生存资源的重大问题。

那么，我们要如何保护它们呢？

我国建立了种质资源库，保存古老的地方品种、育成的新品种、野生种、遗传材料等。种质资源库就像一座水稻种子的图书馆。

野生稻的保护也尤为重要。野生稻没有受到人为选择，蕴藏着更为丰富的遗传基因，可以在未来的研究和培育中创造更多可能，被称为“植物中的大熊猫”。人们搭建了野生稻种资源圃，把不同的野生稻集中种植。人们还对野生稻的原生长地进行保护，让其持续自我演替。

保护好稻种资源就是保护我们的未来。

稻田养鱼——祖先的智慧

我国浙江省丽水市青田县地形多山，有“九山半水半分田”之说，耕地有限，又存不住水。1200 多年前，先人不舍得将稻田用水放掉，一年四季都将水存着，于是就在水田里养鲤鱼。后来，农民们还培育出了具有地方特色的鱼种，俗称“田鱼”，创造了“稻鱼共生”的种养技术。稻田养鱼有很多好处，鱼可为水稻除草、除虫、松土、增肥；稻田则为鱼提供了食物和保护场所。到了收获的季节，人们就可以吃到喷香的米饭和鲜美的田鱼了。

浙江青田稻鱼共生系统，2005 年 6 月成为中国第一个世界农业文化遗产。

现在，人们继续把“稻鱼共生”这种模式传承并发扬下去。除了在稻田养鱼，各地还有在稻田中养虾、养螃蟹、养鸭子的。

你还能想到在稻田里养什么呢？在旁边试着画一画吧。

为什么每年可以在同一块稻田种水稻？

旱田每年都在同一块土地种植同种作物，会导致土壤肥力失去平衡。水田就不同了，由于水的流动，田中养料的含量和均衡程度都有保障。

哈尼梯田——哈尼族的智慧与勤劳

1300 多年前，世代种水稻的哈尼族先祖来到云南哀牢山，那里山陡林密，温暖湿润，适宜种水稻。哈尼族先祖选择住在半山腰，在村子下面的山坡上开垦梯田种水稻，坡缓地大的就开垦成大田，坡陡地小的就开垦成小田。层层叠叠，最高可达 3700 多级。

人和梯田离不开水，哈尼族人非常善于利用地形和水源。山顶森林涵养的水流顺山坡而下，潺潺流经村庄和稻田，继续顺流而下，在低处的河谷中形成河流。再经过蒸发，形成降雨。循环往复，生生不息。

哈尼族人还在田地里建了水渠系统，几百条水渠将水从山顶分流到各家水田中。村民约定好每家的用水量，然后用坚硬粗壮的横木凿开大小不同的凹槽，让水分流到各家。村民们按田面积分水、取水，合理有效地利用水源。

我们的一眼，是他们的千年。千百年来，哈尼梯田的种植模式一直沿用到今天。2013 年，红河哈尼梯田文化景观被列入《世界遗产名录》。这种文化景观得到很好的保护，当地人吃上了“旅游饭”。

水稻种子的太空之旅

小朋友,你想过到天上去看看吗？想过像航天员一样,开始一段太空之旅吗？水稻种子已经到太空旅行好多次了。科学家把水稻种子送上天，希望培育出水稻新品种。在不久的将来，我们或许可以在太空种水稻。

1973 年，美国第一次将水稻种子送入太空。

1987 年，中国用返回式卫星把水稻种子送入太空，到现在已经有几十次了。水稻种子在太空失重、强辐射的环境下会发生基因突变，返回到地面后，科学家再进行种植选育，选出抗病、高产、优质的新品种，航天育种就可以推广种植了。

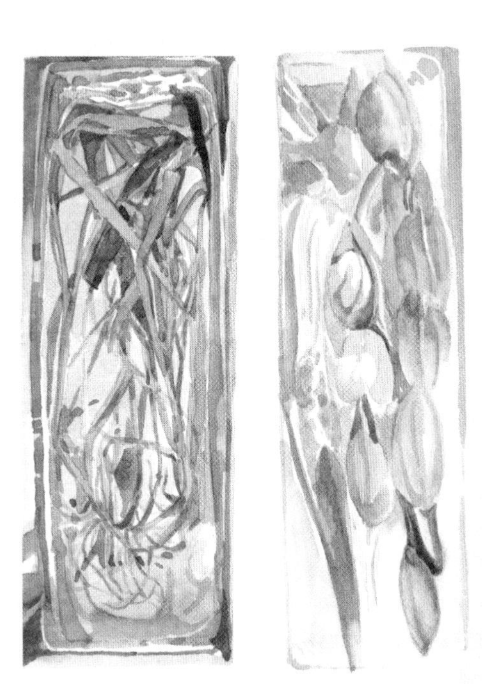

空间站里生长的水稻

我国在国际上首次完成了水稻“从种子到种子”全生命周期空间培养实验。2022 年 12 月 4 日，在太空结出的水稻种子随着神舟十四号飞船返回地球。

水稻种到天上去了！

2022 年，在神舟十四号载人飞船上，航天员播种常规高秆水稻和超矮秆水稻“小薇”，经过精心照顾，常规稻种子发芽、开花、结果，120 天后收获了饱满的水稻种子，这可是世界上第一次啊！“小薇”发芽、开花，但没有结果。科学家希望身材小小的“小薇”未来能在太空舱很好地生长。可能在不远的将来，航天员就可以吃上自己在太空种植的水稻了。

水稻与我们

稻田里有“稻花香里说丰年，听取蛙声一片”的丰收喜悦，也有“喜看稻菽千重浪，遍地英雄下夕烟”的热情豪迈。对我们每个人来说，最熟悉的莫过于一碗热腾腾的米饭。现在，你知道一粒大米背后的故事了吗？讲给爸爸妈妈和小伙伴们听一听吧！

中国人常说“五谷丰登”，五谷指的是稻、黍、稷、麦、菽。稻是五谷之首。

除了每天吃的米饭，生活中还有很多其他用大米做的食品哦！你能从图中找到它们吗？

图书在版编目（CIP）数据

噢！水稻 / 张波，万吉丽著 ; 孙文新绘. -- 济南 : 山东科学技术出版社，2024. 7. --（家门外的自然课系列）. -- ISBN 978-7-5331-9761-2

Ⅰ. S511-49

中国国家版本馆 CIP 数据核字第 2024262M0E 号

家门外的自然课系列

噢！水稻

JIAMENWAI DE ZIRANKE XILIE

O! SHUIDAO

责任编辑：董小眉　夏梦婷

封面设计：董小眉　撒　沙

封面题字：刘庆孝

主管单位：山东出版传媒股份有限公司

出 版 者：山东科学技术出版社

地址：济南市市中区舜耕路 517 号

邮编：250003　电话：（0531）82098088

网址：www.lkj.com.cn

电子邮件：sdkj@sdcbcm.com

发 行 者：山东科学技术出版社

地址：济南市市中区舜耕路 517 号

邮编：250003　电话：（0531）82098067

印 刷 者：深圳市星嘉艺纸艺有限公司

地址：深圳市宝安区石岩镇甫鱼石威祥工业区星嘉艺大厦 1-6 楼

邮编：518108　电话：（0755）27643555

规格： 12 开（250 mm × 250 mm）

印张： 3　**字数：** 60 千　**印数：** 1~10 000

版次： 2024 年 7 月第 1 版　**印次：** 2024 年 7 月第 1 次印刷

定价： 48.00 元